U0397062

THE STORIES OF INTERESTING BUILDINGS

美的旅程 2

[捷] 斯捷潘卡·塞卡尼诺娃 著

[捷] 雅各布·森格 绘

赵一楠 译

开启非凡的
建筑之旅！

广西科学技术出版社

故事从这里开始

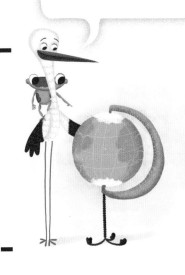

我们从哪儿开始？

嗒嗒，嗒嗒，你能听到嗒嗒声吗？这是鹳鸟菲利普在咂吧他的长嘴巴。鹳鸟喜欢发出这种声音来向大家问好。但是现在，我们的菲利普正在和他的太太海伦争论不休。海伦不满意他们的家——大鹳窝，她觉得窝不够大，很浅，也一点都不具有现代感。让太太海伦满意可不是件容易的事，所以他们一直在争吵……

你认为菲利普的建筑技术需要改进吗？

学习好伙伴

鹳鸟菲利普有一个朋友，叫作利普，一只非常博学却很世故的青蛙。他还是一只小蝌蚪的时候，住在一位著名建筑师家的池塘里，所以对建筑略知一二……

让我们开始旅行吧！

利普和菲利普他俩争论了很久，直到利普说服菲利普一起来个环球建筑之旅。这将是一场伟大的冒险，去看看最古老、最著名、最独特的建筑。

三，二，一……出发！

如果你愿意，你可以和他们一起旅行。利普需要在菲利普的背包中坐好，系好安全带。而你，我亲爱的小朋友，你只需要打开这本书……哇，你会发现自己已经置身于这些神奇而有趣的建筑里了。

什么是建筑师？

建筑师是设计建筑——有公寓，有住宅，也有学校、写字楼和剧院的人。建筑师也做改造工作，思考如何修复历史建筑，建筑的内部该是什么样子的，怎样让它们更吸引人。

你知道建筑是什么吗？

建筑无处不在，我们的生活空间主要由建筑——住房、宫殿、教堂、桥梁、楼梯、柱子和柱廊等构成。还有没有你能想到的建筑？

塔

楼梯

桥

路

烟囱

房屋

书里有什么

我们出发啦，
你也加入吧！

匈牙利国会大厦

匈牙利·布达佩斯

1896-1904年

太棒了，这个建筑太棒了！

多瑙河畔那又高又尖、气势恢宏的宫殿是干吗的？曾有国王或皇帝在那里居住吗？并没有。但它确实是为重要人物建造的，是匈牙利政府举行会议的地方——匈牙利国会大厦。

这种相似性是偶然的吗？

这个建筑是由匈牙利建筑师伊姆莱·斯坦德尔设计的。斯坦德尔是模仿位于伦敦的英国国会大厦威斯敏斯特宫而设计的这个建筑。国会大厦是匈牙利的骄傲，也是辉煌建筑的代表，已经成了布达佩斯的地标。它拥有 691 间房、10 个庭院和 29 个楼梯。哇，真是太多了，不是吗？

建筑师
伊姆莱·斯坦德尔

7 整天

如果你想参观所有的房间，并在每间房里待上 15 分钟，那么参观完整个国会大厦至少要花整整 7 天。菲利普和利普没有那么多时间，他们在这座大厦里只待了一会儿。

新哥特式

伊姆莱·斯坦德尔在设计这座议会大厦时采用了新哥特式风格。新哥特式建筑风格在 18 世纪中叶的英国盛行，并于 19 世纪传到欧洲其他国家。这种风格是在哥特式的基础上发展的，最终又回归哥特式。这也是它被称为古典风格的原因。

据测量，国会大厦最高处有 96 米，和圣伊什特万大教堂的塔楼一样高。96 这个数字，与匈牙利人建国有关。公元 896 年，马扎尔人在多瑙河盆地定居下来，这一年被视为匈牙利的建国之年。

首都的地标

去布达佩斯旅游，绝不能错过见识国会大厦这座独一无二的建筑的机会。这座大厦雄伟华丽，延绵 268 米，是欧洲建筑规模最大的政府大楼之一。

关键的元素

新哥特式风格是国会大厦的外立面装饰风格。它最突出的特征是新文艺复兴时期的圆顶和围绕圆顶的细长高耸的尖塔。你看到这些关键的元素了吗？

和利普的旅游纪念照！

我建，你建，大家建

国会大厦的修建是一个兴师动众并且花销巨大的工程，只是用于内部装饰的黄金，就用掉了 40 千克。

埃菲尔铁塔

法国·巴黎 **1887—1889年**

　　她位于塞纳河南岸战神广场，带着法国独有的魅力，优雅而迷人。她身材高挑，全身铁结构，享誉世界。你知道我们说的是谁吗？她就是世界上最著名的"铁娘子"——埃菲尔铁塔。菲利普对她印象好极了，目不转睛地盯着她左看看右瞧瞧，脑袋转得飞快，差点给脖子打了个死结！还好，背包里蹦来蹦去的青蛙利普，把他拽回到了现实中。在埃菲尔铁塔上筑个鸟巢？真是个大胆的想法！菲利普一定是疯了。

西班牙还是法国？

　　埃菲尔铁塔原本是为西班牙的巴塞罗那设计的。1888年，设计师古斯塔夫·埃菲尔本来想让这座铁塔在巴塞罗那世界博览会上展示。但是西班牙人觉得铁塔不好看，拒绝了这位"钢铁女神"。

> 我真是不明白，为什么以前的艺术家不喜欢埃菲尔铁塔呢？我真的不是很理解巴黎。

一个巨大的断头台？

　　1889年，埃菲尔铁塔成为第4届巴黎世界博览会的标志。这次展会是为庆祝法国大革命胜利100周年而举办的，因此，法国政府面向全球招标，希望为这次展会设计一座高塔。参与竞标的众多设计作品中，甚至有一个巨大的断头台……

这个积木有点大

古斯塔夫·埃菲尔在建造埃菲尔铁塔时运用了他建造桥梁的技巧，两者的建造过程也是一样的。他用了 18000 多个金属零件，并悉心给每个零件编号。工人把零件组装在一起，确保每一组都牢不可破。这个复杂的建筑让他们忙了整整 2 年零 2 个月！

古斯塔夫，你把这块给忘了！

恶心！我们不想看到它！

怪物滚开！

完美比例？

埃菲尔铁塔从头到脚包括天线的高度，是 324 米。体重呢？尽管她看起来体态轻盈，却重达上万吨。这是什么概念？相当于 1000 头大象摞在一起，甚至更多！

> **!** 这座为世界博览会建造的塔原本计划在 1909 年被拆除，人们也会渐渐遗忘它。幸运的是，巴黎人把一个重要的气象站放在了她的顶部，所以这位"铁娘子"得以幸存，一直矗立在法国首都，直到今天……

玫瑰色还是橘黄色？

埃菲尔铁塔被称为"铁娘子"，自然也像女人一样爱打扮，非常奢华，她钟爱缤纷的色彩。这座塔刚完工时是红色的，后来还一度是黄色的！每隔 6 年，25 位油漆工就会给她刷上一种特殊的涂料来防止腐蚀。刷完全身要多长时间呢？至少 1 年！

圣家族大教堂

西班牙·巴塞罗那

1882年至今

为了给海伦搭建鸟巢，鹳鸟菲利普和青蛙利普正在进行的寻找最美建筑环球之旅花费了太长时间，走过太多路程了。北方的寒冷与南方的温暖交替出现。有时候，菲利普都不怎么注意身下的那些建筑了，房屋、桥梁都被他抛到身后……直到挎包里的利普戳了戳他。哇！他差点错过这个机会！

颜色鲜艳的塔尖，起伏如波浪的轮廓，还有马赛克……海伦会喜欢这种风格吗？

! 加点料：引领西班牙独一无二的建筑风格的先驱者，埋在……猜猜埋在哪里？就在他钟爱的这座大教堂里。

世界上最大的教堂！

圣家族大教堂是西班牙巴塞罗那市中心的一朵建筑之花。它有 5 个走廊、1 个巨型拉丁十字大厅和 18 个尖塔。普通的教堂只有简单的扶壁，但圣家族大教堂有精美的拱壁，那些装饰繁复的拱门略微弯曲成优雅的抛物线或双曲线形状，象征着上帝的圣殿拥有无限延伸的光明。

18 个尖塔

圣家族大教堂的尖塔集中在一起，共有 18 个，分别代表耶稣的 12 个信徒、4 个传教士、圣母玛利亚和耶稣本人。最后两座尖塔令人印象最深，其中代表耶稣的尖塔是最高、最宏伟的——高达 170 米。

上帝的建筑师

不仅仅是利普，所有人都对圣家族大教堂的建筑艺术叹为观止。因为建筑师高迪把他的一生都奉献给了这座教堂。刚开始时，他拒绝了社会各界提供的佣金，一心想要靠自己完成这项伟业。他废寝忘食，忘我地思考、规划着建筑，经过深思熟虑之后才开建。在那时人们就已经把他称为"上帝的建筑师"了！

没有任何设计图纸

天才建筑师安东尼奥·高迪在建造教堂时几乎没有任何纸质的设计图纸。简直难以置信！他运用他的想象力，整个计划成竹在胸。很明显，完成这样的建筑是一项艰巨的挑战。

教堂平面图 ---

独特的设计风格

教堂的每一处细节都散发出独特而又有趣的魅力。如果你去圣家族大教堂探险并数一数，会发现其中有 160 多种动物和植物。高迪的风格还包括曲线形拱券和线条古怪的屋顶，以及五颜六色的玻璃，让人惊叹不已。

彩色玻璃

彩色玻璃是教堂建筑常见的窗户装饰。这座教堂的彩色窗户由铅条镶嵌不同颜色的玻璃组合而成。

高迪和圣约瑟夫

安东尼奥·高迪的想象力是无止境的。不幸的是，他没能完成圣家族大教堂的建造。他似乎早已料到，凭一己之力是难以建成一座如此独特的大教堂的。据说他曾预言，"总有一天，教堂能由圣约瑟夫*来完成"。

安东尼奥·高迪

安东尼奥·高迪，建筑师中的天才，一个彻底改变了巴塞罗那的人。他不仅设计了新哥特式和新艺术风格的教堂，还设计了一些看起来像是来自童话世界的奇特建筑：巴特罗公寓，以造型怪异而闻名于世，高迪用很多陶瓷马赛克装饰它；米拉之家，乍一看会让你想起被海浪磨光的石头；还有奎尔公园。

* 编者注："圣约瑟夫"是《圣经》中的人物，被认为是劳动者的守护神。最初提议和出资建设这座教堂的团体名为"圣约瑟夫崇敬联合会"。所以这里的"圣约瑟夫"并不是指某个具体的、现实中的人。

圣索菲亚大教堂

土耳其·伊斯坦布尔

532—537年

菲利普和利普横跨海洋，发现自己已经到了土耳其，更准确地说，是土耳其最大的城市伊斯坦布尔。突然，他们被匆忙的人群包围，夹杂着各种各样的语言和咔嚓咔嚓的拍照声……然后人潮退去，他们发现……那是圣索菲亚大教堂！美丽、宏伟、古老的殿堂。

又宏伟，又漂亮

菲利普在柱子间穿梭，欣赏着周围令人眼花缭乱的马赛克装饰和彩色的抛光大理石地板。哇，这一切浑然天成，还金碧辉煌、色彩丰富，简直太奢华了！

拜占庭风格

青蛙利普完全被中央那个巨大的圆屋顶迷住了。它是如此完美，开阔的空间中没有墙壁支撑它，穹顶通过帆拱落在4根优雅的柱子上，仿佛悬在空中。这就是拜占庭建筑的特点之一。在古罗马，所有圆顶建筑的屋顶都以四边的柱子为支撑。建造圣索菲亚大教堂的查士丁尼一世和他的建筑师是如何创造出这种建筑的？

要是我能有像圣索菲亚教堂那样的鸟巢——有一个大的圆顶和如此漂亮的装饰就好了。

! 这座高约 60 米的庙宇，名字意为"神圣智慧"，在建筑世界中，绝对是最伟大的建筑之一。

查士丁尼大帝想要最好的

"我想要一个教堂，我希望它是世界上最伟大、最美丽的。我想尽快实现这个想法，现在已经太迟了。"公元 6 世纪，拜占庭帝国的皇帝查士丁尼一世可能发布了这样的公告。他召集了他所需要的人，尤其是具有数学才能的人，开始建造教堂。

闪电般的速度

整个教堂从奠基到完工只用了 6 年——对于这项浩大的工程而言，是难以置信的速度。

数学家和物理学家的杰作

负责建造这座教堂的两位建筑师分别是：希腊特拉勒斯的安提莫斯，一位著名的几何学家；米利都的伊索多拉斯，一位出色的物理学家和数学家。这并不令人惊讶，毕竟圣索菲亚大教堂有太多需要计算和测量的地方了！

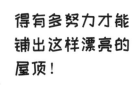

得有多努力才能铺出这样漂亮的屋顶！

令人难忘的建筑

拥有这样一栋建筑，查士丁尼大帝非常兴奋，这项伟业无疑会被人类历史记录下来，他甚至在教堂的旁边建造了一座临时宫殿，这样他就可以住在市中心随时欣赏教堂。建筑工程的每一个细节要求都非常苛刻，造价也非常昂贵。查士丁尼大帝在建筑用料上一掷千金，毫不吝惜，选用白色大理石为主料，用黄金和稀有的马赛克来装饰。

越轻越好

建筑师希望圆屋顶尽可能地轻。毕竟，4 根柱子能承受的重量是有限的。因此，拜占庭人向不太遥远的罗兹岛下了一份特殊的烧砖订单。据说砖轻得可以漂在水面上。

勇者之塔——赫拉克勒斯灯塔

西班牙·拉科鲁尼亚

很久很久以前，有一位古代英雄，叫作赫拉克勒斯。他是一个非常强壮的人，可以战胜一切敌人！与这位英雄同时代的，还有一个巨人，叫革律翁，他拥有一大群棕里透红的牛。赫拉克勒斯要完成 12 项极具挑战的任务，其中之一就是和革律翁战斗，为迈锡尼国王抢到牛群。赫拉克勒斯与革律翁大战了三天三夜……最终英雄赢得了胜利。为了纪念这件事，后人就将赫拉克勒斯灯塔建在了传说中他们战斗的地方。

灯塔是什么？

灯塔是一座高塔，塔尖射出的灯光可以指引航行的船远离危险区域。光从塔顶发射，可以照向很远的地方。灯塔的光会提醒水手船只正在接近陆地或是暗礁。

> 我想像赫拉克勒斯一样勇敢。

古代英雄赫拉克勒斯正在和怪兽战斗

灯塔还是岗哨？

在公元 2 世纪，古罗马人在拉科鲁尼亚（现属西班牙）建造了这座赫拉克勒斯灯塔。它既是一座灯塔也是一座岗哨，是一栋长方形的地标性建筑。

18 世纪

当新世纪来临的时候，人们对这座塔进行了修缮。建筑师们给它铺上花岗岩石板，并以一个八角屋顶封顶。塔上有 4 盏灯，每 20 秒闪烁一次，直到今天，灯塔仍然守护着附近过往船只的安全。灯塔是如此醒目，以至 37 千米外的海上都可以看到它射出的灯光。

高，甚至更高

赫拉克勒斯灯塔是世界上最古老的灯塔之一，耸立在约 57 米高的岩石上，它高大的身躯分为 3 个部分，随着时间的推移，它被风雨侵蚀，逐渐缩小。它总是眺望着比斯开湾的海水流入大西洋的地方。

我是一座又古老又称职的灯塔。

赫拉克勒斯灯塔是目前世界上还在工作的最古老的灯塔。它是纪录的保持者。

242 级台阶……想想塔上优美的景色，值了！

第二次风暴

在 17 世纪启蒙运动时期，整座建筑都被重建，并作为真正的灯塔被投入使用。经过拉科鲁尼亚港的航线逐渐繁荣热闹起来，船员的安危就非常重要了。两座带着灯笼的新塔尖在塔的顶部发出光芒。

哦，塔呀，你到底有多高？

据说，在最辉煌鼎盛的时期，它曾有 56 米高。不幸的是，风吹日晒，年久失修，这座塔的外貌也逐渐改变了。随着时间的推移，它逐渐开裂、剥落，越来越小。

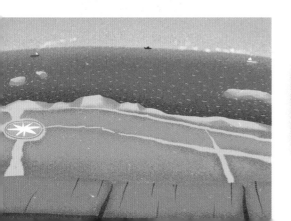

只有我、海伦和大海的景色，太浪漫了！

圣瓦西里大教堂

我是在做梦吗？菲利普暗自思忖，他揉了揉眼睛，眼前的一切都还在：色彩缤纷的教堂、许许多多的塔尖和错落有致的洋葱圆屋顶。这时候，利普从帆布背包里跳了出来，戳了戳菲利普："你在看什么？"说完顺着菲利普的眼神望了过去。哇哦！让我们仔细看看这座童话般的圣瓦西里大教堂吧！

绝对的独一无二

在俄罗斯的传统建筑中，圣瓦西里大教堂绝对是独一无二的。哪怕是让俄罗斯建造者们深受启迪的巨大而复杂的拜占庭穹隆，都无法与之媲美。

彩色还是白色？

除了造型之外，教堂还有一个让人过目不忘的特点，就是它色彩斑斓。但最初它不是这样的。在中世纪*的俄罗斯，教堂一直闪耀着白色的光芒，这在当时是非常普遍的。

一个可怕的皇帝的故事

16 世纪，俄罗斯大地由一位叫作伊凡四世的皇帝统治。由于他统治的手段严酷残忍，俄罗斯人常常称他为"恐怖沙皇伊凡"。一天，他决定征服亚洲鞑靼人的领土。在喀山城附近的血战中，他击败了对手。为了铭记这一战功，他命人建造了这座教堂。

恐怖沙皇伊凡

在那些五颜六色的"洋葱头"上筑巢试试？

*中世纪：一般指公元 476 年西罗马帝国灭亡至 1640 年英国资产阶级革命之间的时期。

8个小教堂

这座奇妙的长方形教堂是由8个相互连接的小教堂围绕中心教堂组成的。伊凡四世用8位宗教圣人的名字为它们命名。

9+1=10

随着时间的推移，教堂又增加了第10个建筑——圣徒圣瓦西里的坟墓所在的一座钟楼，形成了完整的教堂建筑群。

当心，拿破仑要来了

拿破仑曾命令士兵摧毁这座教堂。万幸，他们没办到。

圣瓦西里

他是俄罗斯广为人知的圣徒

哦，算了吧，只要有一点点风，我的巢就会滑到地上。

表里如一？

从外面看，这座教堂宏伟而华丽；但是从里面看，它一点都不大，相较于富丽堂皇的外表，显得狭窄昏暗，窗户也不够敞亮。为什么会这样？可能伊凡四世并不在意内部结构吧。而且，与内部金碧辉煌的陈设相比，空间就显得小了。

京都清水寺

日本·京都

身体状况一直非常良好的鹳鸟菲利普，在参观了大半个地球的建筑之后，翅膀开始疼痛，他们的环球建筑之旅不得不放缓。这一站是日本，为了让旅行更容易，太阳初升时，菲利普和利普跳上了火车，让火车带着他们到处旅行。让我们看看火车会带他们去哪里。

很久以前，或许是更久以前

它是日本第一座镶着宝石的寺庙，建于778年。然而，我们现在看到的清水寺却重建于1633年。目前，其占地面积达13万平方米，由30多座佛教建筑和独特的主殿组成。

不用一颗钉子

寺院内的所有建筑物，包括宝塔，都是没有一颗钉子的。那它们是怎么建造出来的呢？菲利普摇了摇头，利普跟着他，一起绕着建筑仔细探究了起来。

什么是佛塔？

佛塔是寺庙常见的一种建筑，主要用于供奉佛经、舍利或者法器。清水寺的橘色三重塔，已经成为京都的地标建筑。

悬崖上的主殿

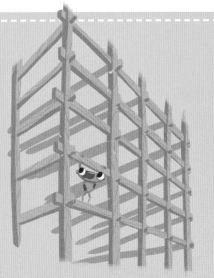

寺庙的主殿坐落在非常陡峭的悬崖上。然而你完全不用担心强风或者是地震之类的情况。因为独特的榫卯结构，整个建筑由结实的木头互相勾连，这种结构如同脚手架，具有稳固地基、分散压力的作用。

整体结构

清水寺主殿的屋顶上覆盖着一层特殊的材料，取材于日本柏木树皮，叫作桧木葺。这个时期的大多数日本宫殿和其他建筑物看起来都很相似。

多么清寂而平和呀！

清水舞台上赏樱

清水寺的主殿前面有片空地，被叫作清水舞台，是悬空而建的，舞台下面是粗壮的榉木柱。游人常聚集在清水舞台，欣赏京都的景色。春天，在这里能欣赏漫山盛开的樱花；秋天，能欣赏美丽的红叶。菲利普偷偷折了一枝开满美丽樱花的树枝送给海伦……这么做可不太好哦！

木梁

金属灯

内殿

嘛……哩……咪……哞……

嘛……哩……咪……哞……到处都可以听到僧侣的诵经声。寺庙殿宇周围佛音缭绕，成为寺庙的一种特色。你可能还记得，菲利普和利普是乘坐火车前往曾为日本首都的京都的。清水寺本身就是一处佛教圣地呀！

嘛……哩……

国会大厦——华盛顿特区

美国·华盛顿特区

1793—1800年

乔治·华盛顿
美国第一任总统

已经不记得是第几天了，菲利普的翅膀开始发酸，利普也有点头晕。好吧，你知道的，这种长途旅行总是容易让人特别疲惫。他们需要休息一下，不然指不定会出现什么状况。于是，菲利普拍了拍翅膀，落在一座雄伟的建筑美丽的白色圆顶上。嗨！先生们，下来下来，这地方可不能随便坐。

美国立法的象征

是的，他们所在的位置是美国华盛顿特区。现在，他们正坐在国会大厦的顶端，这里可是美国立法者心目中的圣地。他们怎么能像那样在屋顶上晃悠呢！更确切地说，是站在屋顶雕塑的头上。

小心，着火了！！！

英国士兵在1814年点燃了这座建筑，万幸的是，就在那时下了场大雨。大火好像没有造成太大的后患。大雨过后，这座建筑得救了，但被灰尘和浓烟所覆盖。

巴洛克式还是哥特式？

都不是，我亲爱的朋友。美国国会大厦是按照古典主义风格建造的。古典主义诞生于17世纪的欧洲，尤其是法国，影响着文学艺术各个领域的审美。那时的人们喜爱和谐、规则的形状和古典风格。古典主义建筑采用了古希腊和罗马的圆柱和方柱；此外，还喜欢双矩形窗和对称的外观。

是谁建造了它？

国会大厦的建筑师和设计师团队可不像它的基石那样牢固，团队成员一直在更换。国会大厦起初有一份可靠的设计，获得了大家的认可；后来团队中加入了一名医生——也是一名业余建筑师，他在原有设计的基础上做了一点扩展和补充。整个工程进展极其缓慢。

和首都一起诞生

1793 年，乔治·华盛顿总统亲自为国会大厦奠基。这本来很普通，不寻常的是，整个华盛顿特区和国会大厦是一起建设起来的。为了国家的团结和稳定，美国人指定了一片区域，建立了首都。

！ 19 世纪美国的古典主义被称为新古典主义。

圆形大厅和圆顶

国会大厦的核心是圆形大厅和它那巨大的圆顶盖。除此之外，它有 540 个房间，而且一直是华盛顿特区最高的建筑。

哇，玉米棒！

参观国会大厦，首先映入眼帘的就是那一排排细长的古典圆柱。仔细看看这些柱子……你看到了什么？像玉米棒！美国有数不清的玉米地。玉米棒出现在这儿，不是很合情合理吗？

来根玉米怎么样？

我好饿！

科隆大教堂

德国·科隆

1248—1880年

"当……当……"教堂 11 座大钟同时响起，在钟声中，来自世界各地的游客，都向眼前这座伟大的建筑致敬。菲利普和利普呢？他们正在这座建筑——德国著名的科隆大教堂的屋顶上休息呢。

1248 年 8 月 15 日

这一天，建筑工人们在德国科隆市为这座美丽的哥特式教堂铺上了奠基石。据考古发现，这里曾经有一座小罗马式教堂，更早的时候据说是一个古庙。在这里新建教堂，再合适不过了。

19 世纪的浪漫主义

19 世纪的欧洲痴迷于浪漫主义。人们喜爱一切与中世纪相关的东西，包括公共建筑、新建住宅和庄园，都是按照中世纪时代精神建造的，他们称之为新哥特式。科隆人最终设法筹集了足够多的钱，来建设他们美丽而又神圣的教堂。

说回科隆大教堂

建筑是由主建筑师盖哈尔德开始设计建造的，据说，他能完成如此精美的教堂，是因为他和魔鬼达成了协议。事实上，他简直是以魔鬼般的速度建完它的。在 1271 年去世前，他计划建完整个教堂的东部部分，包括 7 座小教堂和标志性的塔楼。随着时间的推移，又有新的建筑师和工人继续建设这座教堂，慢慢地有许多新的特征出现……

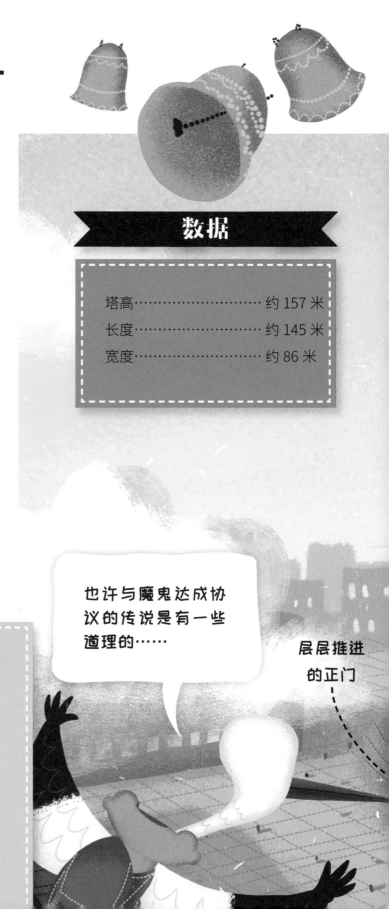

数据

塔高	约 157 米
长度	约 145 米
宽度	约 86 米

也许与魔鬼达成协议的传说是有一些道理的……

层层推进的正门

在大教堂内你会发现什么？

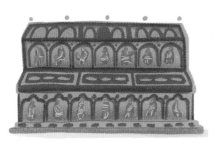

安放有"东方三王"遗骸
的三王遗骨盒——金棺。

十字架上的基督

小尖塔

飞扶壁

哥特式艺术的经典标志

垂直的线条——哥特式建筑强调垂直的线条，建筑达到了很高的高度，特别高……代表向着上帝而去。

哥特式尖拱——在非常狭窄的哥特式窗户的末端和走廊可以看到这种尖拱。

飞扶壁——哥特式建筑在墙外有拱门和飞扶壁支撑。

正门——一般是带有浮雕图案的哥特式拱门和各式各样的装饰。

拱顶——哥特式风格的基本建筑元素是尖拱和交叉拱。它的尖肋拱顶支撑着整个建筑的重量。后来，又增加了星形和扇形拱顶。

哥特式尖
拱窗户

交叉拱

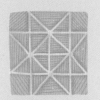

扇形肋拱顶

罗塞塔窗

扇形拱顶

！ 这座世界上第三高的基督教教堂的窗户上装饰着彩色的玻璃，还有许多雕塑。

古罗马斗兽场

意大利·罗马 **70—82年**

人们说"条条大路通罗马"。菲利普和利普最终也来到了这座"不朽之城"。长途跋涉已经很累了，来杯正宗的冰激凌吧，味道棒极了。他们俩品尝完毕，精神振奋地向令人兴奋的历史中心而去。

古罗马皇帝

斗兽场

没到过古罗马斗兽场，不能说自己到过罗马——这个著名的斗兽场是为角斗士和奴隶设计的，同期哑剧和早期戏剧也在此演出。

下面是什么？

这座历史建筑的地下有着运河网络，从此，斗兽场就有了真实的海战。

弗拉维圆形剧场

斗兽场始建于公元1世纪，最初被称为"弗拉维圆形剧场"，因为它是弗拉维王朝的皇帝下令建造的。200年后，它才被更名为古罗马斗兽场，因为附近有一座巨大的阿波罗神像。

我爱比萨！实在太好吃了！

拇指向上还是向下？

角斗士入场之后开始角斗，直到最后只留下一个胜利者。失败者在他的脚下喘息，是生是死由观众决定。如果观众的大拇指向上，失败者就可以活下去；拇指向下，意味着失败者就得死。但是，那个时代的观众总是想看到血淋淋的场面……

令人印象深刻的数字

这座建筑历时 10 多年完成。它的平面呈椭圆形，长径 188 米，4 层楼加起来 48.5 米高，下 3 层都是券廊。修建这座拥有完美弧线拱廊的椭圆形阶梯剧场，需要大量艰苦的劳作——据统计，当时有 2 万名拼命工作的工人参与了建设。

和猛兽搏斗

斗兽场地下关有猛兽，它们也是角斗表演的一部分，可以通过简单的升降机被抬到斗兽场内。斗兽场里除了地牢，还有为角斗士和奴隶提供的设施。

越多越好

围绕着竞技场有 4 层座位，可以容纳约 5 万名好奇的观众围坐观战。更妙的是，建筑巧妙地设计了出入口，所有的游客可以在极短的时间内离开，而不用挤破头。

这是过去观众进入斗兽场的地方。还有一个特殊的入口专供皇帝使用。

不仅是露天剧场

晴空万里的时候，当然可以开心地观看表演，但如果下雨呢？据说只需要用一种防雨的布盖住，就可以继续娱乐了。建筑师想得可真周到！

营造惊喜的瞬间

竞技场是整栋建筑最引人注目的重要部分。建筑师也为表面上平平无奇的场地做了一番精巧的设计——铺着沙土的木地板上留有一扇活动门，通过这扇活动门，一眨眼的工夫，角斗士或狂怒的狮子就会出现在场上！

拜罗伊特侯爵歌剧院

德国·拜罗伊特　　1745—1750年

你听见了吗？那音乐和那歌声，中音和低音，还有小提琴和低音提琴的伴奏……我不知道你是什么感觉，但菲利普和利普确实听到了。音乐引领着他们从空中俯冲下来，降落在德国拜罗伊特小镇的一个历史悠久的剧院前。

侯爵歌剧院

它不同于其他任何普通剧院！这个被称为侯爵歌剧院的地方，从内到外都装饰得很漂亮，是典型的巴洛克风格。像这座剧院这样，建于18世纪中叶，还能够保留原始风格的巴洛克剧院可不多。

进去看看？

菲利普和利普盛装打扮，穿着进剧院应该穿的正装，仪表堂堂地走了进去。哇！他们完全被眼前的景象震惊了，下巴都差点掉到地上。没想到这座有200多年历史的剧院里会这样富丽堂皇：木制的大厅里满是黄金制成的装饰，天花板上画满了美丽浪漫的壁画。

啦，啦，啦，啦啦啦……

能容纳多少人？

剧院大厅有3层，加上大大小小的包厢，可以容纳约500名观众。这在当时，是非常难得的一个公共建筑，不过人们必须根据自己的社会地位来选择座位。坐在顶层的是最低阶层的人，因为那里紧挨着天花板，能看到的舞台有限。

王子包厢

别坐那儿，菲利普！那个带有屋檐和金色小天使的包厢是属于王子的，叫作王子包厢。王子喜欢坐在第一排正中间的黄金地带，看来他很清楚哪里可以更好地欣赏表演。

巴洛克建筑一般都很奢华宏伟，在教堂和宫殿中把建筑、雕塑和绘画融为一体，追求起伏，有许多弯曲和波浪线、拱门和穹顶。

虽然我不喜欢金子和金色，但这里金灿灿的景致真不错！

活跃的侯爵夫人

从前，普鲁士的威廉公主非常爱她的丈夫马尔格雷夫·弗雷德里克侯爵。他们一起搬到了拜罗伊特镇。这位侯爵夫人非常热爱艺术和文化，所以当她住在拜罗伊特时，这座城市充满了活力。许多令人印象深刻的新建筑建了起来……这个完美的巴洛克剧院就是其中之一。侯爵夫人也参与了剧院的设计，她甚至自己谱写乐曲！

威廉公主

就是这里了

巴洛克剧院还吸引了世界著名作曲家理查德·瓦格纳！虽然他不喜欢剧院的大小和音质，但炫目的内部装饰艺术征服了瓦格纳，使他选择了拜罗伊特，作为他举办歌剧节独一无二的城市。瓦格纳在拜罗伊特还建了一座专属于自己的剧院——节日剧院。

华丽的巴洛克风格

巴洛克建筑富丽堂皇，装饰华丽，以大量的姿态夸张的雕像、大理石或者有大理石纹路的材料、透视深远的壁画和镶嵌在金框中的图画来展示财富。可以说，没有金子和大理石就不是巴洛克风格！

作曲家
理查德·瓦格纳

25

帕尔特农神庙

希腊·雅典 公元前447—前432年

在蓝白色的希腊，地中海的波浪冲刷着沙滩和鹅卵石滩。菲利普洗了洗他的长爪子，利普试着用扁平的小石子打水漂。在他们身后，古老的历史遗迹随处可见。膜拜吧，凡人们，雅典娜女神正从帕尔特农神庙俯视你们呢！

伯里克利和雅典娜

这座献给守护神雅典娜·帕尔特农的美丽的庙宇，矗立在雅典的最顶端——雅典卫城。庙宇是由创造了雅典城邦"黄金时代"的著名领袖伯里克利始建的。

! 伯里克利雇用了伊克提诺斯和卡利特瑞特这两位经验丰富的建筑师，他们依照地形，设计了这座庙宇。

多利克柱式

多利克柱式是一种经典的古典柱式。它的特点是简单而庄严。柱头装修简单，支撑着的三角形的屋顶，也没有柱基。

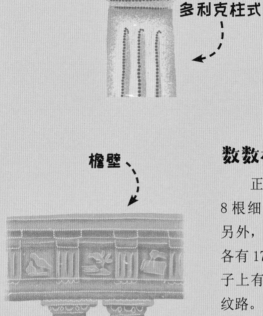

多利克柱式

柱子

什么是檐壁？

檐壁是立柱和屋檐之间的一部分。古希腊的檐壁上的装饰主要是为了给众神看。

檐壁

数数神庙的柱子

正面和背面分别有8根细长的柱子支撑。另外，在建筑的两侧还各有17根柱子。这些柱子上有连续的沟槽装饰纹路。

神庙的构成

神庙由两个主要部分组成：围柱列，即神庙的矩形基底四面围绕的列柱；内部建筑，由内殿和内殿后面的房间组成。宽敞的大厅曾供奉着黄金和象牙制成的雅典娜威严的雕像。据说女神的眼睛是用钻石制作的，它出自雕刻家菲狄亚斯之手。

鲜艳的神庙

我们现在看到的帕尔特农神庙的大理石几乎是纯白色的，但在古代，它曾经被涂上了各种各样的颜色，甚至在某种程度上来说，今天的我们可能会认为有点艳俗。除了色彩，还有许多雕饰。看看这些华丽的檐壁：半人马兽、亚马孙女战士、战争场面、英雄事迹……辉煌而完美！

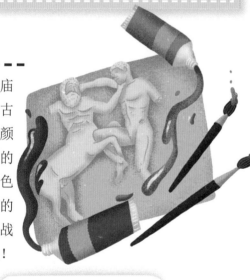

从战火中走来

公元6世纪，这座神庙曾被改为一座教堂；15世纪时，又被改为一座清真寺；17世纪时，统治着雅典的土耳其人还把它作为火药库用了一段时间。一天，威尼斯人用大炮击中寺庙，引爆了火药，大部分建筑都被炸毁了……

这个古典建筑很棒吧，海伦？

希腊再见

菲利普对希腊恋恋不舍。他喜欢多利克柱式，这些柱子遗址是他们做窝的一个绝佳选择。而利普呢，他正在享受地中海的海浪……但是能怎样呢？不管他们是否高兴，旅行总得继续，精彩还在后面呢！

金字塔

埃及·吉萨

这一站是哪儿？菲利普目之所及，都是沙子。金色耀眼的沙漠几乎让你什么都看不清楚。你得戴上墨镜，这光线实在太刺眼了。远处有沙漠之舟骆驼在阳光下庄严地走着。菲利普忍不住了，骑上其中一只。利普满头大汗，又很害怕，他跳上最近的一座金字塔的塔尖，四处眺望。

看，这些马背上居然有两个鼓包！

吉萨金字塔

这些都是下埃及的帝王陵墓。看呀，伙计们，看看这些权贵，这些不朽的长老们，四面八方到处都是他们的陵墓。

建造一座金字塔需要多少人？

据说建造胡夫金字塔前后用了 30 年，20000 个专业建筑工人同时在这里施工。金字塔的建筑工人在沙漠里甚至建立了自己的小镇。然而，并不是所有人都是自愿的，大多数都是迫于法老的高压，别无选择。

最有力的工具：滚木和强壮的臂膀

埃及建筑工人用滚木把大石头从附近的采石场运送过来。滚木路是用细沙和棕榈树树干铺设的。工人们把石头慢慢拖到工地上，为了更方便运行，还得有人在路上浇水。

最大的金字塔

在吉萨的 3 座著名的金字塔中，最大的是胡夫金字塔。它高约 146 米，四面的斜坡和 4 个角保存完整。它由 230 万块巨大的石块组成。这些石块摞在一起，你甚至没办法在它们之间插进去一个刀片。简直完美！

我想建造一座金字塔。

！没有人知道法老是否真的在另一个世界里统治着他的臣民。不管怎样，吉萨金字塔在沙漠中展示着它们所有的美丽和骄傲。

天啊，太重了！

一块石块重约 3 吨，较轻的石块"只有"1 吨。那么问题来了：古代那些没有任何工业技术的人是如何把这些重物放到金字塔顶的？

哇！

我有点害怕了……

为什么修金字塔？

金字塔和木乃伊是法老实现永生的两个主要条件。埃及人认为，过世的国王会在阴间统治他死去的臣民，继续行使他无边的权力。因此，法老必须尽一切努力使这一愿景成真。

用力拉，菲利普！

金字塔里面有什么？

两个墓室，一个地下室，竖井，一条大走廊。金字塔周围还有其他建筑群——寺庙。

无辜者的医院——育婴院

意大利·佛罗伦萨

菲利波·伯鲁涅列斯基

　　"那是什么？"鹳鸟菲利普在意大利佛罗伦萨洒满阳光的上空飞翔时自言自语道。他仿佛听到了婴儿的哭声。不过眼前只有一排美丽的白色长券廊。

佛罗伦萨育婴院

　　出现婴儿的哭声并不是巧合……很久以前，这座带有拱券的建筑曾是欧洲最早的孤儿院之一，它被称为"无辜者的医院"。那些被遗弃的孩子会被送到这里来，孤儿院的外墙上有一个特殊的机关，孩子被留在转盘上，然后敲响铃铛，里面的人就会把孩子抱进去。

圆形陶釉材质的婴儿的浮雕

鹳鸟会叼来小孩子吗？

　　在有些传说中鹳鸟会叼来小孩子，当然这并不是真的。但如果回到15世纪，菲利普想把这些弃婴交给那些没有子女的家庭。意大利人想出了一个照顾弃婴的好点子——修建一座弃婴医院，典型的文艺复兴建筑。

既是雕塑家也是建筑师

佛罗伦萨育婴院的建造始于1419年，负责建造的人是著名的建筑师（也是雕塑家）菲利波·伯鲁涅列斯基。

明快的建筑

哥特式城堡在文艺复兴时期被风格明快的宫殿所取代，宫殿里有花园和凉亭。

育婴院是一个非常重要的建筑，可以说是文艺复兴时期的第一批建筑。

菲利波·伯鲁涅列斯基

除了育婴院之外，菲利波·伯鲁涅列斯基还参与了圣母百花大教堂的穹隆顶建造，还有圣洛伦佐教堂的修建。这位杰出的文艺复兴艺术家发现了透视的奥秘，并在建筑中运用了这一视觉艺术。什么是透视？简单地说，就是物体离我们越远，看起来就越小。透视的发现使画家们可以创作出更有深度和空间感的作品。

文艺复兴是什么？

文艺复兴是14—16世纪流行于欧洲的一种文化风潮，最初兴起于意大利，在建筑、雕刻和绘画中，力求复兴古希腊、罗马文化。

建筑中的文艺复兴元素

这些建筑给人的印象是轻快而和谐的。它们通常没有那么高，也不喜欢那些体现至高无上的神权的哥特风格，圆柱和半圆形拱券是它们的重要元素之一。立面通常是光滑的，或是即兴涂抹的。

即兴涂抹
文艺复兴时期的一种装饰法

科林斯柱式
柱头带有花纹装饰的柱子

古典柱式

还记得我们在雅典看到过的那些柱子吗？古典柱式包括了多利克柱式和科林斯柱式等，区别在于柱头。那排细长的科林斯柱头上连接着半圆形的拱门，形成了美丽的拱廊，轻快明朗，比例和谐，处处体现着文艺复兴的优雅之美……青蛙利普在柱与柱之间跳跃着，流连忘返。

圣彼得大教堂

梵蒂冈

1506—1626年

下一站——梵蒂冈！这里有充满泡沫的卡布奇诺风味的意式点心，还有世界上最有纪念意义的基督教大教堂。尊敬的鹳鸟菲利普和青蛙利普，欢迎你们来到圣彼得大教堂！

大中之大

如果你把3个足球场并排摆放，你就能知道这座神圣建筑有多大了。

为谁而建？

据称，这座教堂原址就是教徒彼得被迫害的地方。公元4世纪时，这里就曾有一座教堂，教皇尤里乌斯二世决定建造圣彼得大教堂的时候，为了腾地方，就把旧教堂拆除了。

来点巴洛克风格

米开朗琪罗去世后，继任建筑师接手了完成教堂的任务。17世纪时，贝尼尼完成了整个建筑工程。实际上，他还做完了装修工作，因为他是一位巴洛克雕塑家和画家，这座教堂的内部也是这种独特的风格。

天才建筑师伯拉孟特

1506年4月18日，新建筑打下了地基。意大利著名建筑师伯拉孟特为教堂进行了规划：建筑主体应该是一个拉丁十字，一个主穹顶，旁边4个较小侧堂上有4个小穹顶。这是他从拜占庭建筑中获取的灵感。

多纳托·伯拉孟特

继任者拉斐尔

1514年，伯拉孟特去世，拉斐尔·桑西成为他的继任者。与其说拉斐尔是一个建筑师，还不如说他是一个好画家。他不太清楚该如何完成这座建筑，所以建筑工程放慢了进度,甚至停了下来,直到他过世。

拉斐尔·桑西

完美的米开朗琪罗

1547 年的时候，另一个天才加入了这个项目，他就是雕塑家米开朗琪罗。他加固了周围的墙壁，然后把重点放在穹顶上。他把穹顶设计得更高，更具有纪念意义，从那里能看到罗马全景。如今，数以百万计的游客前来欣赏夕阳美景，圣彼得大教堂的穹顶就是最好的背景。

青铜华盖

据说圣彼得被埋葬在大教堂里，贝尼尼决定在他的墓前建造一个漂亮的青铜华盖——典型的巴洛克风格，看看它吧。贝尼尼花了 9 年的时间才建好它，用 4 根螺旋形铜柱支撑，上面有 4 个天使和 1 个褶边青铜盖，整体高度约 30 米，体现了完美的巴洛克风格。

青铜华盖

什么是巴洛克风格？

这是一种 16 世纪下半叶在意大利兴起的新建筑风格。它追求宏伟、生动、热情、奔放的艺术效果，与文艺复兴兴盛期追求的严肃、含蓄和平衡有所不同。圣彼得大教堂是巴洛克风格建筑的典型代表，里面装饰着黄金、大理石和大量珍贵的湿壁画。

可以容纳 60000 人！几乎是个小镇了。

! 圣彼得大教堂绝对是最大的基督教大教堂，总共可以容纳约 60000 人！

故宫

中国·北京

我们跟着鹳鸟菲利普环球多久了？我有点记不清了……这一次，我们跟随我们的冒险家来到了东方，中国的首都——北京。那边是什么？整个故宫？

故宫

故宫，也被称为紫禁城，始建于1406年（明朝永乐四年）。"紫"来源于紫微垣，古人认为它居于中天，位置永恒不变，是天帝的居所；"禁"是因为戒备森严，不允许随意出入，平民百姓就连靠近一些都是不允许的。

不计其数的双手

建设这个宫殿动用了不计其数的人力和物力。仅仅是为了从全国各地采集的木料和石料等的运输，就付出了巨大的努力。光是从四川森林里精选的金丝楠木沿着长江和京杭大运河运到北京，就要花上三四年。

我们进去吧！

没有进去的机会

古代时，整个故宫由高高的墙和宽阔的护城河保护着。宫城的4个角落都有可供瞭望的角楼，宫门有警卫把守，城中人们的生活受到了严密的保护和监视。

34

幸运数字 9

数字 9 对古代中国人来说非常重要，代表着至高无上，这就是为什么故宫传说有 9999 个房间，而且几乎所有的宫门每一排都有 9 颗门钉，角楼有 9 根屋顶梁……

我累了，骑在龙身上飞得很棒啊！

颜色

帝王的权力还体现在对颜色的控制上。黄色是皇族的象征，所以故宫几乎所有的屋顶都是黄色的！除了文渊阁，它是黑色的屋顶。因为它是藏书阁，收藏着的宝贵经书怕火，就需要用水来守护，其屋顶的黑色象征着水元素。

龙啊龙

一个金色的、雕刻着龙的王座矗立在太和殿里。在中国古代，龙象征着皇权，所以太和殿里装饰着 10000 多条龙——这可不是小数目！

古老的消防

故宫的主体建筑都是用木头做的。几个世纪过去了，它怎么可能还屹立不倒呢？简直不可思议！古人想到了这一切。故宫内有防火墙，此外，在故宫的每一个院子里，都有盛满水的大缸。在冬天，当气温降到零摄氏度以下时，宫人还会加热水缸以避免缸中的水结冰。

阿兰布拉宫*

西班牙·格拉纳达

1284—1354年

旅行者青蛙利普和鹳鸟菲利普还在继续探险。顺风飞翔缓解了菲利普翅膀的疲惫感，阳光照耀下，蒙蒙细雨使他们神清气爽。"我们在哪儿呢？"菲利普向下滑行时自言自语道。这是在巴格达还是德黑兰？都不是，菲利普和利普又来到了西班牙。欢迎来到阿兰布拉宫！

> 它那么宏伟又鲜红，让我们飞得更近点。

红宫

这是世界上保存最完好的中世纪穆斯林城堡，是中世纪摩尔人在格拉纳达建造的王宫。"阿兰布拉"的意思是红色堡垒。从远处看去，阳光照耀着红色的砖墙，十分引人注目。

翡翠中的珍珠

阿兰布拉宫被大规模防御工事保护着，所以菲利普最初以为他们到了一个军事要塞。他对华丽的装饰和内部装修感到惊讶和着迷。阿兰布拉宫坐落在城市中的一座小山上，四周环绕着各种各样的花园，到处都是五彩缤纷的花朵、灌木、稀有树木、喷泉和瀑布。难怪摩尔人的诗人们把它称为"翡翠中的珍珠"。

* 根据《世界地图集》（第二版，2018年1月修订，中国地图出版社）译名。

宫殿里面有什么？

议事厅（相当于现在的最高法院）——每个人都可以进入，苏丹在这里会见他的臣民和处理政务。

会议厅——这里有王座，用来接见重要人士，也叫"桃金娘中庭"。

我喜欢在帐篷里的感觉

细长直立的柱子、横梁和通风的拱门都让人想起沙漠帐篷的造型。菲利普认为，这是因为建筑师出身于游牧民族。墙壁上布满了装饰物、黄金纹样和一些阿拉伯图案。

！ 阿兰布拉宫是世界上保存最好的摩尔人宫殿！

桃金娘中庭和狮庭

桃金娘中庭是阿兰布拉宫最为重要的群体空间，是外交和政治活动的中心。狮庭则是苏丹家庭的中心。为什么是狮庭？因为坐落在那里的大理石喷泉是由12只石狮子托起的，异常雄伟。

装饰纹样

在狮子间梳洗……这彰显了勇气！

《一千零一夜》

阿兰布拉宫中有名的庭院包括桃金娘中庭和狮庭等，还有大使厅、两姊妹厅、大浴场等重要建筑，所有这些都是伊斯兰艺术的骄傲。当你穿过房间时，请注意脚下，这与《一千零一夜》中的描述有许多相似之处，多么不可思议！

喷泉

疯狂的建筑

美国·俄亥俄州 ▰ 1972—1977年 ▰

下面的谜题，选 C 就对了！

你见过一座像大菜篮的建筑吗？没有？好吧，鹳鸟菲利普和青蛙利普也没有见过。小心点，菲利普，否则你会被这一标志性建筑弄得晕头转向，一头撞到柱子上，那样利普就会从你的背包里掉出来的。等等，你为什么这么惊讶？在这个世界上，总要有一些有趣的东西，比如，疯狂的建筑。

一个超级大广告

是的，我亲爱的孩子们和动物们，你们已经成为一个超级广告的见证者……如今，想要成功的人都需要宣传自己，人人都清楚这一点。这座大楼就像这个公司所售卖的货物一样，当人们从旁边经过的时候，看见这个建筑，也许就会突然觉得自己还缺一个购物篮。这简直太疯狂了！

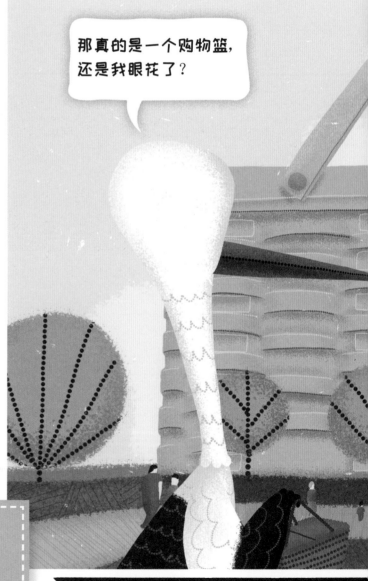

那真的是一个购物篮，还是我眼花了？

我也想要一个篮子！

我想要个篮子！

温暖舒适的篮子

篮子的把手重达 150 吨，几乎和世界上最大的哺乳动物蓝鲸一样重。冬天，它们会被加热，如果提上去肯定很舒服，不是吗？不过设计师考虑的，是冬天结冰可能会使把手断裂，谁会想要一个把手断裂的篮子呢？

大谜题

20 世纪 90 年代末，世界上最大的篮子就在美国俄亥俄州。猜猜它曾经是谁的……

有趣的是，这个篮子并不是世界上唯一疯狂的建筑。即使是建筑师也需要不时开脑洞，否则会很无聊，你不觉得吗？

攻击式众议院

奥地利·维也纳
一位来自奥地利的艺术家欧文·乌尔的作品。

马桶楼

韩国·水原市
韩国清洁厕所协会主席的住宅。

鞋屋

美国·宾夕法尼亚州
这是谁建造的？一个鞋商……很有趣，不是吗？

如果我的窝看起来像手套呢？

所有这些古怪、疯狂的建筑对菲利普来说实在是太有挑战性了。希望海伦不要让菲利普把房子建成土豆、篮子或者寿星的额头等奇怪形状……他做不到啊！

不是只有金子会发光

如果你认为篮子大厦里的构造和真正的篮子一样，那你就大错特错了。大楼的内部看起来就像普通的办公楼。有点令人失望，不是吗？但是那个入口大厅太棒了！

入口大厅

选择你的答案

a. 苹果种植者和他们的水果。

b. 狗狗收容所。

c. 篮子制造公司。

蓬皮杜艺术中心

法国·巴黎

菲利普在巴黎被一座奇怪的建筑迷住了。它看起来好像从里到外翻转过来了——管道、电线、自动扶梯、直升电梯全在外面，过路的人都能看到。这样的设计有点傲慢而自负，不是吗？

管道的颜色

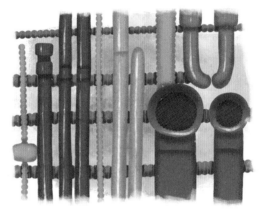

看到这奇怪的景象，菲利普摇了摇头，现代艺术越来越难理解了。他飞的时候差点撞到了其中一个外凸的管子。而利普呢，他却沉浸其中……他一直喜欢现代的、与众不同的设计，最重要的是，他喜欢色彩斑斓的东西。蓬皮杜艺术中心集齐了彩虹的所有颜色。管子有蓝色、黄色、绿色和红色的，每种颜色都有其自身的功能含义：绿色的管道输送水，红色的是自动扶梯和直升电梯，蓝色代表空调系统，黄色的是电力管路。

! 壮观的蓬皮杜艺术中心比周围的建筑高出好几倍，它的与众不同很快就吸引了大批游客。

来杯咖啡？

进入大楼，乍一看让菲利普想起了一堆废旧金属。建筑内部有现代艺术博物馆、图书馆、商店、咖啡馆、儿童工作坊、会议厅、现代音乐研究所和巴勃罗·毕加索等世界著名艺术家的永久展览。

谁创造了你，蓬皮杜？

蓬皮杜艺术中心是由两位建筑师——意大利的伦佐·皮亚诺和英国的理查德·罗杰斯设计的。他们是高科技建筑的倡导者和代表。它于1977年完工。

又高又宽

蓬皮杜艺术中心每层的空间有两个足球场那么大，完全够几支足球队同时享用。难怪利普从中得到了乐趣……他蹦呀跳呀，累了的时候，就喝上一杯超棒的咖啡。

哇，入口在哪儿？

"高技派"建筑

这种建筑风格起源于20世纪五六十年代，强调建筑的技术感与其技术元素。建筑的技术施工也会成为装饰的一部分，蓬皮杜艺术中心的管道装饰就清楚地诠释了这一点。一些人对蓬皮杜艺术中心这样的装饰表示不理解，另一些人则赞同和喜欢这种直白和明确的表现方式。

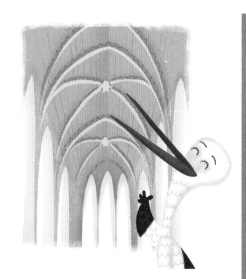

现代还是古典？

虽然利普很享受这种钢筋、玻璃还有其他高科技元素，但略显保守的菲利普很快就厌倦了这种超现代艺术。他决定前往古老哥特式建筑风格的巴黎圣母院冷静一下。

马丘比丘——失落之城

秘鲁·安第斯山脉

15世纪

为了找到世界上最漂亮的建筑，鹳鸟菲利普和青蛙利普这两个小伙伴已经飞了很长时间。他们沿着常规路线飞行，去人口最多的地区。但有一天，他们迷路了。

你知道我们在哪儿吗？

往哪儿走？

两个探险家在秘鲁安第斯山脉茂密的丛林里迷失了方向。菲利普有点惊慌失措，利普试着让他冷静下来……他们研究了地图和GPS（全球定位系统）坐标，最终还是失败了，只能漫无目的地到处逛。幸运的是，他们找到了去传说中的印加古城马丘比丘的路。

印加人是如何建造这些建筑的？又是用的哪些材料呢？

最古老的印加建筑是建筑师用石头堆砌在一起的，没有砂浆在其中，全靠精细的石刻技术。后来他们改用砖头砌房子。考古发现的离现在最近的建筑是用大块的石头雕刻的。

山上的城市

马丘比丘坐落在一座高山上，这些建筑中，一部分是居民区，一部分是宗教场所，还有古代农民种植庄稼的梯田。广场中央的废墟让人想起曾经在那里的庙宇，长方形的中央广场四周是依山而建的房屋。

搭一架天梯，到太阳那儿去

如果你沿着马丘比丘的石梯一直往上走，就可以到达整个城市的最高点——拴日石。拴日石是一块石头，形状像一个歪了的金字塔，它的名字的意思就是"将太阳留在这里"。拴日石的顶部是一个带有刻度的大石盘，石盘中央有一根凸起的石柱，可以随着太阳方位的变化在石盘上投下不同的阴影，显示太阳的运行轨迹、季节、一天中的时间、日食和二至（夏至、冬至）点。

简直不敢相信我的眼睛！

再来，太阳

太阳神庙是马丘比丘的一个重要宗教场所，从高空俯瞰，它是马蹄形的。太阳神庙是献给印加太阳神印蒂的。冬至的时候，一束阳光会穿过庙宇的窗户，照亮里面的巨大岩石。

太阳神印蒂

完美的规划

城市里的街道依附在陡峭的地形上，形成特殊的楼梯，就像梯田一样，与山区地形完美契合。

神还是人？

印加人在 15 世纪上半叶建造了他们的城市。传说他们的创世大神维拉科查帮助他们建设了城市——神让石头在特定时间失去重量，这样印加人就可以轻松搬运巨大的石头建造城市，就像孩子堆积木一样简单。

让我画个素描……

印加文明中没有发现使用金属工具的痕迹，但印加建筑中那些沉重的石块却被精细地加工过，这实在太神秘了……

哈利法塔

阿联酋·迪拜

利普此生从未见过如此高的建筑……他坐在那幢高楼的脚下，等着菲利普。菲利普尽管竭尽全力，但还是没看见大楼的最顶端。他怎么可能轻易就看到呢？这可是世界上最高的建筑呀！

直通天堂的电梯

电梯的速度简直惊人——从1楼到124楼只花了1分钟。但与其他摩天大楼相比，哈利法塔的电梯速度不算最快的。当你乘坐中国台北101大楼的电梯时，你会发现每小时36千米的速度不算快了——它的直升电梯可以达到每小时约61千米的速度。

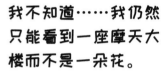

我不知道……我仍然只能看到一座摩天大楼而不是一朵花。

哈利法塔

高	828 米
楼层	162 层
自动扶梯	8 个
直升电梯	57 个

哈利法塔不会从中间断开

哈利法塔不仅是最高的，也是非常安全的高楼。它的骨架是一种坚固的混凝土结构，能够抵御沙漠的大风天气。

我好热哦！

没有空调就会热死

整个迪拜的天气都很热。如果没有空调，你根本没办法在这座摩天大楼里生存。这座高楼里的空调系统非常环保。空调系统将顶部的空气利用通风回流，送至建筑的其他楼层。所有在热交换过程中冷凝的水都被收集在一个蓄水池里，用来灌溉周围的公园。

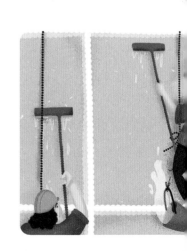

这座世界上最高建筑的别名是"蜘蛛兰"。这是因为建筑师在设计时，从沙漠之花蜘蛛兰身上找到了灵感。

为什么人类会恐高？反正我觉得很正常。

越来越高

828 米，还是不够高。人类会一直试图打破纪录。建筑师们正在规划建造一幢 1000 米高的摩天大楼……嗯，我们会看到的。

这个高度挑战了谁？

超过 20000 扇——这是清洁工需要打理的窗户数量。最顶层的窗户，只有最勇敢的、经验老到的清洁工才敢清理。他们必须依靠安全绳悬挂着，清洗、抛光玻璃，还要随时预防大风的危险。

世界上著名的高层建筑

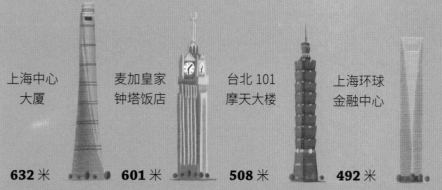

上海中心大厦	麦加皇家钟塔饭店	台北 101 摩天大楼	上海环球金融中心
632 米	601 米	508 米	492 米

新天鹅堡

德国·拜恩州

路德维希二世

寻找世界上最美建筑之旅还在继续，菲利普和利普已经见识了各式各样的建筑。但在德国的拜恩州，看到眼前的这座建筑时，他们目瞪口呆——可能是太累了，也可能是进入仙境了。孩子们，你们自己看看……除了没有国王、王后、公主和骑士，它简直就是童话般的城堡。

童话国王

从前有一个国王，叫作路德维希二世，统治着 19 世纪的巴伐利亚。但这个国王并没有实权，于是将精力投入到创造虚幻世界中，他希望建造一座童话般的城堡，来保护他自己。或许他是想寻找一个童话般的浪漫的地方，在那里，正义可以战胜邪恶。

给我一个吻，我就是国王！

如同在剧院

这座城堡坐落在天鹅湖畔的山丘上，完全符合童话中的城堡模样。路德维希二世聘请了剧场布景设计师克里斯蒂安·扬克，他的设计使这座城堡充满了浪漫的童话情怀。

一点一滴

扬克设计、规划、盘算着国王所有的想法，包括勇敢的骑士、宏伟的比赛、温柔的淑女和柔弱的公主。据说有超过 300 名工人日夜劳作——白天拼命赶工，晚上在星光和月光下工作。因为国王希望能尽快住进这个仿佛在仙境中的城堡，好像他们只需要挥动一根魔杖，城堡就会被建好。

> **!** 著名动画大师华特·迪士尼受到这座建筑的启发，创作了很多故事。因此，他故事里的公主们总是在城堡里翩翩起舞。

真的像仙境吗？

城堡目前有 14 个房间对外开放。尽管童话里的国王总是披着貂皮斗篷来保暖，但路德维希二世更喜欢现代供暖方式——集中供暖。虽然中世纪的骑士通常是冷酷无情的人，他们可以在溪流中用冰水洗澡，但路德维希二世更喜欢水龙头——轻轻一扭天鹅造型的水龙头，既可以出冷水，也可以出热水。他在宫殿里安装了一部电话，这样他就可以用电话吩咐他的仆人把食物送到餐厅了。

人造洞穴？

嗯，就在国王的办公室附近。这座用白砖包起来的浪漫城堡，包含了所有常见的和不同寻常的建筑风格，当然也包括了人工洞室，这有什么好大惊小怪的。

> 海伦会喜欢这儿的……

王座大厅

路德维希二世在设计他的王座大厅时受到了具有异域东方装饰特点的拜占庭风格的启发。菲利普和利普在看到大理石、棕榈树形的柱子、金色的地毯和随处可见的沉重烛台时一点也不惊讶。请为国王献上节日的号角！

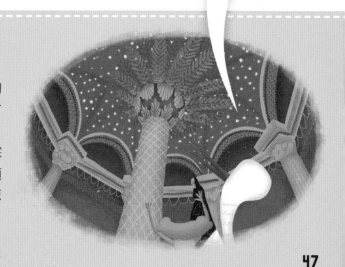

悉尼歌剧院

澳大利亚·悉尼

1959—1973年

　　鹳鸟菲利普和青蛙利普飞呀飞呀，道路、尖塔、瞭望塔，到处都留下了他们的印迹。直到有一天他们来到了澳大利亚……他们立刻注意到悉尼岸边有一座奇怪的建筑，它有一个巨大的白色贝壳式的屋顶，至少菲利普认为那是贝壳。利普从帆布背包往外看，觉得那是一艘正在航行的船上扬起的帆……到底谁对呢？

壳形剧场

　　是帆还是贝壳都不重要，重要的是这座建筑是著名的地标建筑——悉尼歌剧院。没有它，澳大利亚是不完整的。5个大礼堂、1个展览馆、1个录音室、1个大图书馆，还有餐厅、酒吧和世界上最大的机械木连杆风琴……所有这些都能在歌剧院的白色屋顶下找到。

歌剧院的设计之路

1. 1956年，向全球征集设计方案的比赛开始了！
2. 巨大反响——委员会收到来自28个国家的超过223份申请书。难以置信！
3. 委员会无休止地工作——坐下来寻找最好的。
4. 获胜者是丹麦建筑师约恩·乌松。
5. 1973年，新歌剧院落成开幕。

不是帆，是贝壳！

再见，我亲爱的南半球！

猜猜，什么最强？

一般来说，最好的、最强力和最具黏性的胶水是用于粘假牙的。而悉尼歌剧院独特的贝壳形屋顶就是用这种胶水拼在一起的。用专业的语言来说就是：环氧树脂！所以你完全不用担心有一天屋顶会掉下来。

你的自拍照里可不能没有袋鼠！

贝壳屋顶

歌剧院带来的启迪

菲利普绝不会错过看歌剧的机会。与此同时，利普跳进剧场，他真的很喜欢喜剧。当他们离开澳大利亚时，菲利普想：他要不要从这美丽的贝壳建筑中学学咋为海伦筑巢呢？

小道消息

- - - - - - - - - - - - - - - - - -

委员会最开始并没有采纳乌松的设计。他们为了挑选最好的方案，无休止地讨论、争吵，对那些被选出来的设计评头论足，直到他们想起了被丢在一边的乌松的设计。于是他们又把它找出来，仔细地研究后，发现它很棒！

比萨斜塔

意大利·比萨　1173—1373年

哎呀，塔倾斜了！要倒了！如果海伦看到这一幕，她也会和菲利普一样大声惊叫的。但是我们看到了什么？所有的游客都在疯狂地拍照，按键，闪光，说"茄子"！太意外了！好吧，欢迎来到比萨斜塔！

雄伟的钟楼

这座斜塔实际上是一座8层钟楼。它周围装饰有拱廊，白色大理石闪耀着骄傲的光芒，一点也不在乎它有点歪斜。1173年，这座独立式钟楼奠基了，建筑工人开始工作。

使劲，它还斜着呢！

拱廊

一组由古典圆柱支撑的拱门

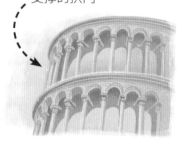

问题有点棘手……

当建筑师开始建造第三组拱廊的时候，塔开始倾斜，这让他们非常担心。所以他们停工了，只能等，结果他们等了大约1个世纪。

不要啊！

为什么会倾斜？

这是塔下的土壤开始下沉并不规则地沉降造成的。这并不奇怪，因为整个城市都建在潟湖上。如果你决定把塔建在曾是坚实的地面与河道交界的地方，那你就是在自找麻烦。

我打赌，你没办法修好它！

它是歪的，但并不意味着它坏了

比萨斜塔屹立在奇迹广场上。鹳鸟菲利普用鸟的视角看它的时候，发现斜塔并不是这个广场上唯一歪着的东西。正如我们所知，这里是软土地基。菲利普把他的发现告诉了利普。利普说："就算它是歪的，那也并不意味着它坏了。"然后他就睡着了。

! 20 世纪末，钟楼再次倾斜了一点，所以当时的建筑工人必须想办法把它稳住，给它的地基加固，让它固定一些。

比萨斜塔

比萨大教堂

钟楼

那诺·皮萨诺——塔楼的英雄

建筑师
那诺·皮萨诺

13 世纪的时候，著名的建筑师那诺·皮萨诺负责比萨斜塔的建造。他是一位经验丰富的建筑师，他进行了全面的测量、评估和计算，然后才开始建造。皮萨诺找到了塔的重心，完美平衡了倾斜，使塔可以站立——以一种可爱的、倾斜的方式。

图根哈特别墅

捷克·布尔诺

韦瑟夫妇

格雷特·韦瑟深爱着弗里茨·图根哈特，他们俩非常富有，在结婚前，他们决定建造一座房子。这不是普通的房子！它必须美丽，通风，意义非凡！他们开始寻找灵感和建筑师……直到他们发现了德国籍建筑师密斯·凡·德·罗，他同样热爱开放空间。

建筑师

密斯·凡·德·罗

一幢俯瞰布尔诺的别墅

1928年秋，密斯·凡·德·罗来到捷克布尔诺市。他找到了一个绝佳的建房子的地方，并着手规划和设计。2年后，一个有着宽阔的花园、极佳的俯瞰城市视角的3层别墅骄傲地矗立在山上。它有平整的屋顶和开阔的空间，是功能主义建筑的典范。

功能主义建筑

一种建筑风格，强调建筑的用途和功能，通常采用简单的外形设计。功能主义建筑的元素：栏杆，平顶，屋顶花园，开放的空间，无墙体间隔，大大的落地窗，向外敞开的正门。

等我有了钱，我会再建一座图根哈特别墅。

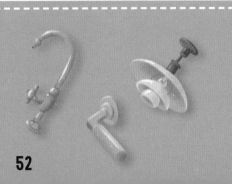

细节很重要

密斯·凡·德·罗从一开始就对这座别墅有非常清晰的规划，大到与环境的融合，小到每一个细节，包括门把手，他甚至为别墅专门设计了家具……他有想过休息一下吗？

如果你很富有

建造图根哈特别墅耗费了约500万捷克克朗，要知道，当时500万捷克克朗已经足以建造30座普通住宅了。

皮革专用保养室

图根哈特别墅的特色

别墅有高到天花板的门；起居室的玻璃墙可以缩进地板，让客厅与花园连接起来；墙上有珍贵的乌木和玛瑙装饰，当阳光照到墙上时，玛瑙会变成漂亮的红色。别墅里还有专门的皮草保养室……（菲利普好喜欢，他也能为海伦做这些吗？首先，他必须买一些皮草，然后再考虑保养的事情……）

别墅的草图

！ 别墅里的家具也是由密斯·凡·德·罗设计的。其中最著名的是摇椅。红色皮革包裹住了里面的钢框架，真舒服！

让我在这个摇椅上打个盹。

红色皮摇椅

66号公路

美国·洛杉矶到芝加哥

20世纪20年代

青蛙利普很喜欢骑摩托车。骑快一点，可以让疾风吹过你的头发；骑慢一点，可以享受骑着哈雷看风景的感觉。引擎轻响，阳光照在脸上，想象你坐在那里，像国王一样骑着摩托，检阅着周围的一切。青蛙利普喜欢浪漫的骑行，这就是为什么他要让他的朋友菲利普到"母亲之路"上去。它就是公路中的传奇——66号公路。

浪漫之路

想想这一路你会见到多少美景吧……从洛杉矶出发，向着芝加哥一路前行。这一路你会穿过8个州，经过一些国家公园，最终你的里程表中会增加3940千米。这种旅行太值得了！

66号公路建于20世纪20年代，那时美国经济繁荣，需要修建优质的道路，缩短东西海岸之间的距离。

勇士专用

有时你会觉得自己就像在一部恐怖电影中行驶，尤其是当你在一家废弃的汽车旅馆门口停下来的时候，会发现没有人理你；如果你想过夜，空荡荡的房间也不会热情欢迎你。66号公路闹鬼吗？

← 废弃的加油站

编号 66

最初，这条路被命名为60号，一个不错的整数。然而，美国已经有叫这个名字的道路了。而与60最接近又容易记住的数字是66。这就是为什么它有了这个编号，这个决定太正确了。

退役的公路

1985年，66号公路完成了它的使命，光荣退休，让位给了更年轻、更现代化的"同事"。现在，它向骑行者、汽车爱好者等开放，他们正在寻找真正的美国经典冒险……

上吧，年轻人！

随着时间的推移，66号公路交通压力越来越大，开始难以负荷。它无法再和那些新修的多车道公路竞争了——那些现代公路为更多的小汽车、公共汽车、卡车、愤怒的司机以及活跃的摩托车手留出了更大空间。

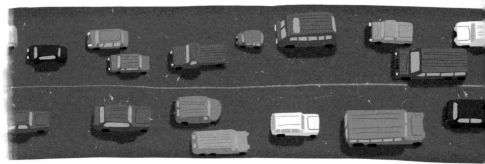

如果海伦看到我在开车，她一定不敢相信自己的眼睛！

老爷车 ←

美好的怀旧

退役也不错，时间在这条路上停了下来。有历史感的路标、餐车、旅馆、城镇、广告……它让你想起了许多老电影。当你踏上66号公路的时候，你会觉得自己回到了从前那个美好的美国，与现在的情景完全不同。这就是它的意义所在。

泰姬陵

印度·阿格拉

1632—1654年

远处的建筑闪耀着令人愉快的、柔和典雅的光芒，仿佛飘浮在地面上。看见这美景，鹳鸟菲利普差点忘记了飞行。他现在在印度阿格拉，位于泰姬陵之上。

为王妃而建

这个庄严的宫殿看起来像是为一位善良又高贵的王妃而建的——它确实是。但它其实是一座陵墓。皇帝因失去王妃而悲痛，就建造了这座陵墓纪念她。

一个伟大的爱情故事

莫卧儿王朝皇帝沙贾汗全心全意地爱着他的王妃泰吉·玛哈尔，他们共同孕育了十几个孩子，王妃在生下最后一个孩子的时候去世了。伤心欲绝的皇帝决定为她建造一座无与伦比的陵墓，来纪念他们的爱情。

漂亮的外观

泰姬陵矗立在一个具有伊斯兰风情的花园中间，它的地基高出花园，在一个宽阔的露台上，四角有4座高高的宣礼塔。中间一条水渠通向正门，映出这幢美丽建筑的倒影。

我爱你！

利普，你见过如此完美的建筑吗？

鲜花与珠宝

菲利普飞近一看，发现了一个令他惊愕不已的事实：这座漂亮建筑的白色墙壁，并不是由纯白色大理石制成的，它上面镶满了碧玉、软玉、水晶等珍贵的五颜六色的宝石和黑色大理石；各种形状、大小的花朵和藤蔓随处可见。

佛罗伦萨马赛克

用宝石拼接图案来装饰墙壁的技巧被称为"佛罗伦萨马赛克"，这种技术来源于16世纪的佛罗伦萨。

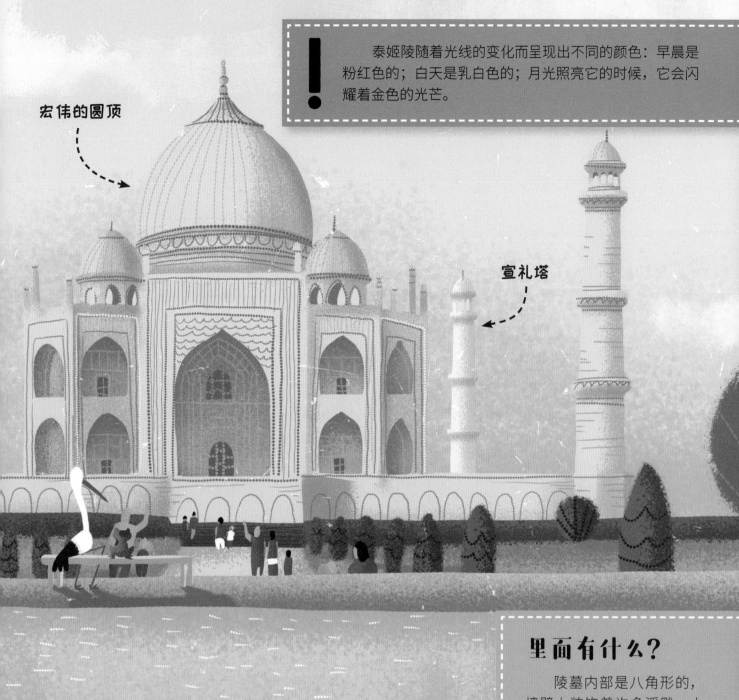

宏伟的圆顶

泰姬陵随着光线的变化而呈现出不同的颜色：早晨是粉红色的；白天是乳白色的；月光照亮它的时候，它会闪耀着金色的光芒。

宣礼塔

里面有什么？

陵墓内部是八角形的，墙壁上装饰着许多浮雕，大门居于正中，通往其他大厅。陵墓中的石棺是衣冠冢，意思是并没有真正的亡者，是象征性的坟墓。

泰吉·玛哈尔的衣冠冢

最好中的最好

大约有 20000 名工人参与了泰姬陵的修建。建筑材料是从亚洲各地收集而来的，据说用了 1000 头大象来运输这些材料。该建筑的设计师是谁一直没有定论，但他一定是当时极有声望的设计师，和他一起参与建设的建筑师、工程师和雕塑家也都是最优秀的。

多么舒服的旅程啊！我喜欢大象！

长城

中国

看见那堵墙了吗？我打赌你看得到！你知道吗？这是世界上最长的建筑！如果菲利普把他们家的鸟巢围成这样，也许海伦会喜欢，但谁知道呢？

! 中国长城的墙体共有 8 种类型，建筑与各种自然屏障相结合，如高山、河流、森林……

还是城墙

无穷无尽的城墙

烽火台

你说我们能飞到长城的尽头吗？

如果你想飞到尽头，就要飞得更快一点！

国家的屏障

这个巨型建筑是为了使国家边境免受邻国的侵犯而建造的。长城一开始并不连贯，到了公元前 221 年左右，秦王嬴政统一了各国，史称秦始皇，他把各国的城墙连接起来，形成了较为完整的长城。

秦始皇

城墙

长城数据

总长度	21196.18 千米
高度	6—10 米
烽火台	每 1—5 千米 1 座

伟大的工程

长城并不是在某个时间点上统一建设起来的，它经历了历朝历代的修整和改变，每个时期的长度和维护情况都不相同。现在看到的长城主要是明代修筑的。长城主要由墙体、单体建筑、关堡、相关设施、界壕组成，主体建筑是用石块和烧制的砖砌成的。

免赋税

长城的修建在公元前 3 世纪前就开始了，中间暂停了几次，一直持续到 17 世纪。成千上万的人参与了建设，因为地势险要，时常有意外发生，不少人因为修筑长城丧生，所以修长城的家庭不必纳税。曾经，长城是一个重要的防御系统；现如今，它成了一个伟大的象征、热门的旅游目的地。

流水别墅

美国·宾夕法尼亚州 1936—1937年

一阵风把鹳鸟菲利普和青蛙利普吹到了宾夕法尼亚州。茂密的乡间森林和未开发的大自然吸引着他们。林间矗立的别墅让他们都屏住了呼吸。别墅立于瀑布之上。我没有说谎……这就是为什么他们把它叫作"流水别墅"。

完美的别墅

这是教科书般的完美别墅，意思就是说，它就像是从瀑布的石头上长出来的一样，与当地岩石密布的自然美景完美地融合在一起。别墅的核心部分是一个平台，混凝土结构的阳台、楼梯、棚架等向四周延伸，与周围的环境融为一体。

主要建筑材料

这座3层的别墅由石头、玻璃、钢筋和混凝土组成。建筑材料中大部分是天然石材，用来砌墙，甚至连地板也是用石头铺的。

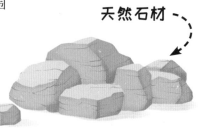

天然石材

谁负责建造这房子？

这幢漂亮房子的建筑师是弗兰克·劳埃德·赖特。20世纪30年代中期，他应邀为德裔富商考夫曼家族修建一座避暑别墅。当他们第一次把赖特带到这个森林的时候，赖特完全被吸引了。在接下来的9个月里，他冥思苦想，期望有一天灵感到来时能马上把流水别墅的图纸画出来。

弗兰克·劳埃德·赖特

来游个泳吧！

室外游泳池也是这座别墅的一部分，这样一座别墅没有个泳池是很奇怪的。最绝的是，这个泳池里的水是从房子周围的天然泉水中引进来的。建筑师巧妙地利用了大自然提供的一切！

流水别墅被公认为世界上最漂亮的住宅，也是现代建筑中最经典的设计之一。

别墅还是流水？流水别墅！

有机建筑

赖特是一个有机建筑爱好者。这是什么意思？这是说他的设计都是从自然中寻找灵感，然后采用一种简单又艺术的方式表现出来，把建筑融入环境，考虑周遭的空间。

小心你的头！

流水别墅的天花板不高。也许是设计师想鼓励房主不要过多地待在室内，可以去露台上，欣赏四周的美景。

魅力别墅

菲利普被这座有机建筑彻底迷住了。他甚至开始想象搬到宾夕法尼亚州的森林里，住进流水别墅度过他的下半生。问题是，海伦还不会说英语……

瀑布，不光是装饰

瀑布不仅仅是一种装饰，它也是此地的饮用水来源。这就是为什么会有个楼梯从客厅直通瀑布。口渴时，你只需要拿个杯子，下楼梯，装满水，喝一口……

哎哟，我的头！

金门大桥

美国·旧金山

"我面前是雾，我身后还是雾……"鹳鸟菲利普飞过加利福尼亚州金门大桥时，自言自语道。是的，是的，旧金山就在他面前的那团迷雾中。青蛙利普伸了个懒腰，他想跳进城市。该走哪条路呢？想要去旧金山，当然应该过桥。

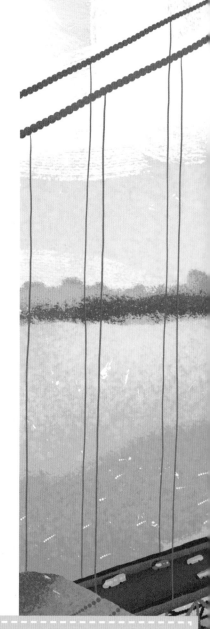

金门大桥

世界上最美丽的桥梁之一，它和自由女神像一样，是新时期美国的象征。它悬在海峡之上，轻巧而美丽。虽然它看起来很轻盈，但它是由近 100 万吨的钢铁制成的。

开建吧！

海风呼啸着，嗖嗖地吹过建筑工人的脸。工人们在海腥味中进行了切割、建造。说实话，这一点也不好玩！自然环境是建造这座桥的一个大障碍，这座桥必须设计好，才能经得起强风、洋流和地震的袭击。建设者们太伟大了！

工程师
约瑟夫·施特劳斯

谁要加入？

约瑟夫·施特劳斯是大桥的主设计师和工程师。他着手设计时，考虑了所有可能的风险。但他很快发现，这样一个复杂的项目一个人是不可能完成的，于是他向年轻的建筑师艾尔文·莫罗和查尔斯·埃利斯寻求帮助。

欢迎进入旧金山

每辆车都可以沿着大桥的 6 车道来到旧金山。如果你不开车，那可以步行或骑自行车通过这座近 3 千米长的大桥。步行还是骑车，这取决于你选择的是桥的哪一边——西边是自行车道，东边是人行道。

谁敢走？

1937 年，经过三四年的艰苦工作，这座桥终于开通了。通车的那一天，有 20 万人从上面走过！这几乎是一个城镇的人口数，而且还不是一个小规模的城镇！

黄金铆钉

建筑师们大约用了 60 万颗铆钉把吊桥的钢筋固定在一起。工程的最后一颗铆钉是黄金的，但这种珍贵的软金属不能承受硬钢的压力，松动脱落，掉入了大海深处。后来，一颗坚硬的普通钢钉填补了这个位置。

我们能走过去吗？

我更愿意骑摩托。

我设计，你测量

艾尔文·莫罗设计了这座桥的外观，查尔斯·埃利斯为大桥做了测量和计算，在他们的努力下，金门大桥成为一座可以承受闪电、大雨和风暴的坚固大桥。金门大桥全长 2737 米，由两座红色门字形塔和两条吊索支撑，结构一目了然。

总结

亲爱的孩子们，年轻的建筑爱好者们，以及青蛙利普和鹳鸟菲利普的粉丝们，你们无法想象当菲利普最终回到他那老掉牙的窝里时感受到的重逢的喜悦。海伦开心极了，她太孤独了，整日以泪洗面，羽毛掉得到处都是，她总是自责把菲利普送走了！

想法太多

菲利普开始喋喋不休地向海伦讲述他们的旅程。同时，利普收集和测量建筑材料，并且开始计算和设计了。但他脑子里有很多想法，不知道该用哪一种。

总有很多事等着要做

看起来菲利普一时半会儿没办法停止讲故事，这天上午，青蛙利普开始自己建房子。剪剪切切，锤锤打打，他设置圆屋顶，以塔装饰，竖立圆柱……当一切准备就绪时，青蛙利普往后站了站，开始思考整个建筑的美观问题，他很为自己感到骄傲……孩子们，你们觉得怎么样？

超现实主义鸟巢

> 应该是哥特式，新古典主义，还是现代派建筑？

还是原来的好

鹳鸟海伦最终还是觉得她歪歪扭扭的鸟巢是最棒的，毕竟比萨斜塔也是歪的嘛！她拒绝搬到新房子里去。菲利普虽然很喜欢青蛙利普，但是，怎么说，他的品位有点古怪……

著作权合同登记号 　　桂图登字：20-2018-005号

The Stories of Interesting Buildings

© Designed by B4U Publishing, 2017 member of Albatros Media Group

Author: Štěpánka Sekaninová

Illustrator: Jakub Cenkl

www.albatrosmedia.eu

图书在版编目（CIP）数据

美的旅程2/（捷）斯捷潘卡·塞卡尼诺娃著；（捷）雅各布·森格绘；赵一楠译．—南宁：广西科学技术出版社，2019.4

ISBN 978-7-5551-1156-6

Ⅰ.①美… Ⅱ.①斯…②雅…③赵… Ⅲ.①建筑史—世界—儿童读物 Ⅳ.①TU-091

中国版本图书馆CIP数据核字（2019）第033579号

MEI DE LÜCHENG 2

美的旅程 2

作　　者：〔捷〕斯捷潘卡·塞卡尼诺娃	翻　　译：赵一楠
绘　　者：〔捷〕雅各布·森格	策划编辑：蒋　伟　王滟明
责任编辑：蒋　伟　王滟明	版权编辑：尹维娜
责任审读：张桂宜	营销编辑：芦　岩　曹红宝
内文排版：孙晓波	责任校对：张思雯
责任印制：林　斌	版式设计：于　是
封面设计：嫁衣工舍	

出 版 人：卢培钊	出版发行：广西科学技术出版社
社　　址：广西南宁市东葛路66号	邮政编码：530022
电　　话：010-53202557（北京）	0771-5845660（南宁）
传　　真：010-53202554（北京）	0771-5878485（南宁）
网　　址：http://www.ygxm.cn	在线阅读：http://www.ygxm.cn
经　　销：全国各地新华书店	
印　　刷：北京华联印刷有限公司	邮政编码：100176
地　　址：北京市经济技术开发区东环北路3号	

开　　本：880mm×1230mm　1/16	印　张：4
字　　数：30千字	
版　　次：2019年4月第1版	印　次：2019年4月第1次印刷
书　　号：ISBN 978-7-5551-1156-6	
定　　价：64.00元	

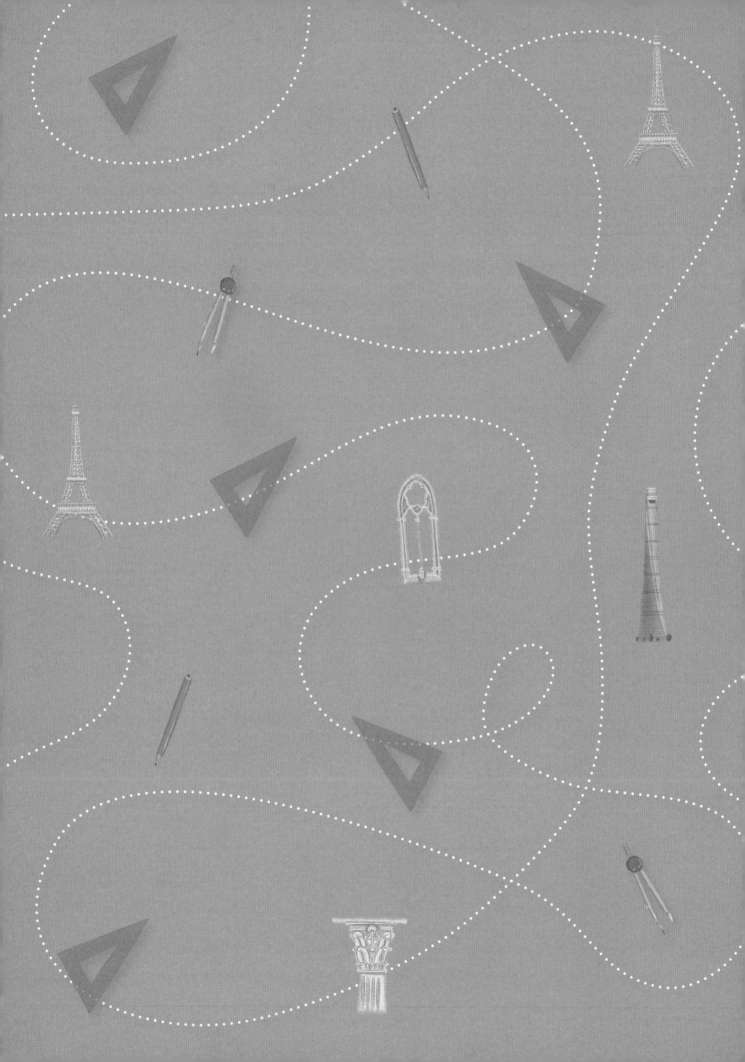